图书在版编目（ＣＩＰ）数据

中国鸟类图鉴：海鸟 / 黄秦编著. — 福州：海峡书局，2022.9
ISBN 978-7-5567-1002-7

Ⅰ．①中⋯ Ⅱ．①黄⋯ Ⅲ．①鸟类—中国—图集
Ⅳ．①Q959.708-64

中国版本图书馆CIP数据核字(2022)第137671号

编　　著：黄秦
策　　划：张明　曲利明　李长青
特邀编辑：刘雨邑
责任编辑：廖飞琴　黄杰阳　林洁如　杨思敏　陈尽　陈婧　陈洁蕾　邓凌艳
责任校对：卢佳颖
装帧设计：黄舒堉　李晔　董玲芝　林晓莉

ZHŌNGGUÓ NIǍOLÈI TÚJIÀN（HǍINIǍO）

中国鸟类图鉴（海鸟）

出版发行：海峡书局
地　　址：福州市台江区白马中路15号
邮　　编：350004
印　　刷：雅昌文化（集团）有限公司
开　　本：889毫米×1194毫米　　1/32
印　　张：4.25
图　　文：136码
版　　次：2022年9月第1版
印　　次：2022年9月第1次印刷
书　　号：ISBN 978-7-5567-1002-7
定　　价：78.00元

摄　影 /（排名不分先后，按姓氏笔画排列）

丁　鹏　　马嘉慧　　王乘东　　韦　晔　　甘礼清　　卢　刚　　田穗兴

田野井博之（日本）　　闪　雀　　永井真人（日本）　　朱　雷　　任　晴

危　骞　　刘立峰　　刘雨邑　　关翔宇　　孙家杰　　杨卫光　　肖炳祥

吴　岚　　何　鑫　　宋建跃　　张　明　　陈　逸　　邵　云　　范忠勇

周佳俊　　郑伟强　　钟宏英　　唐万玲　　黄　秦　　曹　垒　　曾　晨

温超然　　雷　磊　　慕　童　　薛　琳

Alan Tate（英国）　　　　　　　　　　　　Andy Bridges（美国）

Carlos Domínguez-Rodríguez（墨西哥）　　Carolyn Stewart（澳大利亚）

Catherine Lee-Zuck（加拿大）　　　　　　Christopher Lindsey（美国）

Donna Pomeroy（美国）　　　　　　　　　Duncan Wright, USFWS（美国）

Francesco Ricciardi（菲律宾）　　　　　　Greg Lasley（美国）

Hickson Fergusson（澳大利亚）　　　　　　Hubert Szczygieł（美国）

James Bailey（新西兰）　　　　　　　　　Jay Rasmussen（美国）

Jeff Bleam（美国）　　　　　　　　　　　John Dreyer Andersen（葡萄牙）

John Gunning（澳大利亚）　　　　　　　　Josh Parks（美国）

Ken Chamberlain（墨西哥）　　　　　　　Kerry Ross（美国）

Len Blumin（美国）　　　　　　　　　　　Lily Castle（美国）

Mark Dennis（英国）　　　　　　　　　　Michael Todd（美国）

Michael Woodruff（美国）　　　　　　　　Mike Prince（英国）

Nick Tepper（美国）　　　　　　　　　　Oscar Thomas（新西兰）

RJ Baltierra（美国）　　　　　　　　　　Seokin Yang（韩国）

Spencer McIntyre（新西兰）　　　　　　　Stephen Cresswell（美国）

Steve Jones（澳大利亚）　　　　　　　　　Subash Chand（美国）

Tan Kok Hui（新加坡）　　　　　　　　　USFWS-Pacific Region（美国）

Vladimir Arkhipov（俄罗斯）

范忠勇

海鸟是指以海洋为主要栖息地的鸟类。长期的海洋生活，使得海鸟在生理、生态和行为上均表现出对海洋较强的适应性，如可以通过排盐来适应咸水生活，翅膀更为狭长等。

依据《中国鸟类分类与分布名录》（第三版）（郑光美，2017）一书，我国共有各种海鸟86种，限于篇幅原因，本书收录的海鸟，以远洋觅食、繁殖的海鸟为主，涵盖了包括了潜鸟、信天翁、海燕、鹱、军舰鸟、鲣鸟、鸬鹚、海鸦和海雀等经典的海鸟类群，共计38种。

鸬鹚中的部分种类主要在内陆繁殖，越冬期也很少至远海活动，本书未收录。在我国近海亦有不少鸥类和燕鸥类繁殖，但该部分鸟类已被收入《中国鸟类图鉴（鸥版）》一书，本书未重复收录。

我国海鸟的地理分布

我国的领海面积广阔，渤海、黄海、东海、南海四大海的水域面积约470万平方千米，分布着大小岛屿7600多个，其中有居民的海岛共计450个，其余均为无固定居民海岛。

从渤海湾北部到南海的曾母暗沙，跨越约36度的地理纬度，复杂多变的海洋环境，使得我国的海鸟分布，呈现出明显的南北差异。

渤海海域被辽宁的辽东半岛和山东的胶东半岛所环抱，为半封闭的内海，黄海海域位于胶东半岛东南侧和长江口之间，为一开放的边海。

黄渤海海域的总面积约为38.7万平方千米，其中的许多小型海岛，如辽宁的石城列岛、山东的长山列岛和大公岛、江苏的前三岛等，是白额鹱、黑叉尾海燕、扁嘴海雀、海鸬鹚、黑尾鸥等海鸟的重要繁殖地。

在黄渤海的繁殖岛上，鹱、海燕、海雀均为穴居型的海鸟，在无人的小岛上挖掘筑巢，白天或在巢中孵卵，或外出觅食，直到夜间才回到岛上活动。从初春到夏末，这些海鸟的夜晚，都分外热闹。海鸬鹚、黑尾鸥则在峭壁、裸草地和灌木上筑巢，多在白天活动，夜间休息。

青岛大公岛及周边的无人小岛，是重要的海鸟繁殖地/薛琳

至秋冬季节，黄渤海海域的多数繁殖海鸟都陆续南迁，但海鸬鹚等较为耐寒的鸟类，依然会留在这片海域越冬。黄嘴潜鸟、崖海鸦、角嘴海雀等在中高纬度繁殖的鸟类，陆续抵达黄渤海海域越冬，暴雪鹱等北极圈繁殖的海鸟，也会在强冷空气的吹拂下偶尔出现。

东海，北起长江北岸至济州岛方向一线，南为广东南澳到台湾本岛南端一线，东至冲绳海槽（以冲绳海槽与日本领海分界），正东至台湾岛东岸外22.2千米（12海里）一线，面积77万平方千米。

在靠近大陆的海岛上，如浙江的韭山列岛，福建的日屿岛、马祖列岛上，大凤头燕鸥、褐翅燕鸥等燕鸥类，在夏季会组成上千只的繁殖群，常常跟随船只觅食，蔚为壮观。在台湾东部的小型海岛上，如钓鱼岛、赤尾屿、兰屿等，夏季还有褐鲣鸟、蓝脸鲣鸟等海鸟繁殖。

历史上，短尾信天翁、黑脚信天翁在钓鱼岛和赤尾屿都有繁殖记录，但近年来已罕见甚至绝迹。

鹱类在东海海域的繁殖情况并不明朗，其中褐燕鹱在东海海域为偶见夏候鸟，《中国海洋与湿地鸟类》（马志军，2018）等资料均记载其在东海海域有繁殖，但国内对其研究不多，资料十分匮乏。灰鹱则在1905年于澎湖列岛有过被捕捉到的正在筑巢的个体，之后便再无繁殖记录。

南海是我国面积最大的海域，约为350万平方千米。南海的海底是一个巨大的海盆，大陆架的自然延伸在南海中形成了许多的海底山岭，露出海面的部分就是我国的东沙、西沙、中沙、南沙群岛，以及海南岛。

南海海域的气候以热带海洋性季风气候为主，其中最为知名的海鸟繁殖岛是海南三沙市的西沙群岛。

历史上，西沙群岛有大量的红脚鲣鸟繁殖，最高数量可达10000只，但由于人类的捕食和外来物种（牛）的引入，西沙群岛红脚鲣鸟的数量已大幅下降。

依据之前的报道，白斑军舰鸟、红嘴鹲和褐鲣鸟在西沙群岛也都有繁殖记录，但普遍少见。

如何观察海鸟

在海上乘风破浪的海鸟，无疑是海洋中最具特色的生物类群之一，乘船出海，

西沙群岛／杨卫光

西沙群岛集群的红脚鲣鸟幼鸟/曹垒

是观察和寻找海鸟的最佳方式。然而，对于鸟类爱好者来说，这是一件颇具挑战的事情，需要克服风浪、晕船的干扰，还要在剧烈的晃动之下，通过观察、拍照等，识别出海鸟的种类，无疑是双重挑战。

大小、剪影和翼型，是观察识别海鸟的第一步，熟知其分布区、习性和观察行为，是认识海鸟的第二步，外形上的细微差异，则是识别海鸟的第三步。

同一类型的海鸟，体态特征趋于一致，熟悉了它们的外形特征后，便可以快速地锁定大类。如潜鸟多喜欢在海面游动，很少起飞，外形远看如同一只加大版的鸊鷉。一旦确认是潜鸟后，具体的物种鉴定，则要通过观察喙部的角度、颜色和整体的尺寸来确认。

为了更好地适应海上的风浪，许多海鸟的翅膀都极为狭长，其中最为典型如短尾信天翁，翅展可达3米，次级飞羽更是有24—26枚之多（多数鸟都只有10枚）。而军舰鸟的羽毛防水能力较差，以海面漂浮的死鱼为食，也常常抢夺其他海鸟的食物，为了能在空中灵活地转向，军舰鸟演化出了如同燕子一样的叉尾，十分容易辨认。

鹱类和海燕是海鸟中个体较小的种类，都有着独特的管状鼻，可以将它们与其他鸟类轻松区分开。进一步的物种鉴定，则需要更多的观察和考量，如翅膀的形状、尾部的形状、身体的颜色、身体的斑纹、飞行的方式等，都是鉴定和识别的重要参考，这些内容会在本书的正文部分展开讲述。

有些海鸟成年个体的体羽颜色多变，如暴雪鹱、楔尾鹱都有深色型和浅色型，红脚鲣鸟的色型变化就更多，在野外观察和识别时，应考虑到色型上的差异，做出准确判断。

浙江岱山救助的蓝脸鲣鸟/温超然

除了出海观察外，夏季的台风，也会将远洋活动的海鸟，带到沿海地区，甚至是内陆地区，如白斑军舰鸟便在我国东部偶有记录。台风过后，沿海地区也常会出现受伤需要救助的海鸟，如浙江、广东、海南等省份，近年来偶有鲣鸟、海雀的救助记录。在台风季节，以保证安全为前提，在海岸区域寻找海鸟，往往会有令人惊喜的收获。

海鸟的迁徙模式

不同种类的海鸟，迁徙模式有较大差异，如北方海岛上繁殖的海鸟，如崖海鸦、扁嘴海雀、白额鹱，通常是在秋季往南迁徙，与人们常规印象中的鸟类迁徙模式一致；而在南太平洋繁殖的海鸟，如短尾鹱，在非繁殖期（每年5月至9月），会在整个太平洋海域游荡，也有抵达北半球度夏，但并非到此繁殖。

在远洋海岛上繁殖的海鸟，如信天翁和军舰鸟等，繁殖期会在繁殖岛及周边栖息，活动范围多在数百千米之内，在非繁殖期，则会出现远距离的游荡，活动繁殖可达数千千米，且规律性和方向性并不明显；另有部分海鸟，则呈现出东西横向迁徙的模式，如日本叉尾海燕，繁殖结束后会从日本沿海往西南迁徙至印度洋越冬。

致谢

在笔者观察和认识海鸟的过程中，陈水华、范忠勇和刘阳等老师，给予了我诸多的引导和帮助。

在撰写本书的过程中，我亦得到了许多专业人士和观鸟爱好者的帮助，刘雨邑对文稿的内容进行了审核，马嘉慧（香港）提供了大量的海鸟观察经验。

因许多海鸟的主要分布区不在我国，在征集图片的过程中，我们得到了来自世界各地的鸟类摄影师（详见作者名单）的帮助，他（她）们提供了高质量的海鸟图片，使得本书大为增色。

感谢各位师长亲朋对本书的支持和帮助，在此一并致谢。

信天翁

枕

喙

翼角

羽轴

翼覆羽

尾羽

腰

三级飞羽

次级飞羽

初级飞羽

黑喉潜鸟

头顶

额头

喙

颈背

颈侧

颔

喉

胸

胁

不同海鸟管状鼻对比图

鼻孔侧位，不愈合
（黑背信天翁）

鼻孔背位，左右分离
（灰鹱）

鼻孔背位，在中央愈合为一
（白腰叉尾海燕）

正羽：鸟类身体最常见、最普遍的羽毛，覆盖于体表，构成严密的保护层，飞羽和尾羽都属于特化的正羽。

飞羽：鸟类两翼后缘着生的一系列强大而坚韧的羽毛。

羽轴：正羽中央的坚韧、细长的管状结构，是羽毛的着生部位。

初级飞羽：着生在鸟类手部（腕骨、掌骨、指骨）上的飞羽，海鸟通常有9枚。

次级飞羽：着生在鸟类前臂（尺骨）上的飞羽，在不同种类中变化较大，通常为10—20枚，信天翁则多达40枚。

三级飞羽：着生在鸟翼最内侧的羽毛，通常只有几枚，常和次级飞羽一起，统称为内侧飞羽。

翼角：鸟类手部（腕骨）和前臂（尺骨）连接处，初级飞羽和次级飞羽的分界位置。

覆羽：覆盖的飞羽基部的小型羽毛，依照覆盖的位置不同，可分为初级覆羽、次级覆羽、大覆羽、中覆羽和小覆羽。

尾羽：着生在鸟类腰部之后的一组羽毛，通常较长，构成了鸟类的尾。

中央尾羽：居于中央的一对尾羽。

外侧尾羽：除了中央尾羽之外的其他尾羽。

尾上覆羽：上体腰部之后，覆盖尾羽羽根的羽毛，盖在尾羽的上方。

尾下覆羽：下体泄殖腔之后，覆盖尾羽羽根的羽毛，位于尾羽的下方。

管状鼻：一种特化的鼻孔结构，呈冠状，位于喙部的正上方或侧上方，两侧管状鼻可分开，也可愈合。

喉囊：一处特化的鸟类皮肤，无羽毛着生，连接鸟类喙部下颌骨和颈部。军舰鸟的喉囊可在繁殖期充气胀大，用于求偶炫耀。

脚蹼：鸟类脚趾之间着生的膜状肉质皮肤，可以增加游水时的推力。

雏鸟：从出生后到首次长出正羽之前为雏鸟，在该阶段，雏鸟身体备有浓密的绒羽。大型海鸟的雏鸟期通常较久，如短尾信天翁的雏鸟期可达150天。

幼鸟：鸟类长出正羽之后到下一次换羽之前为幼鸟，羽毛通常较为斑驳。

亚成鸟：鸟类长出正羽之后至性成熟前为亚成鸟，包含幼鸟期。

成鸟：性成熟后的鸟类个体为成鸟，按照不同季节的差异，其羽色可分为繁殖羽和非繁殖羽。

繁殖羽：繁殖期覆盖在体表的羽毛，通常用于求偶炫耀。

非繁殖羽：鸟类非繁殖期覆盖的体表的羽毛。

迁徙：鸟类在繁殖地和越冬地之间的周期性、规律性的迁移。

越冬：在寒冷的高纬度地区繁殖的鸟类，在繁殖结束后，向较为温暖的低纬度地区迁徙及度冬的行为。

游荡：部分海鸟特有的一种活动行为，多为远洋繁殖的鸟类，繁殖期在特定的海岛或海岸带繁殖，繁殖结束后则扩散至广大的海域越冬，无明显的规律性和方向性。

生僻字注释 /

鹱(hù)：一类海鸟，常集群活动，可近岸或远洋活动。

鸬鹚(lúcí)：一类水鸟，部分为海洋性生活，部分在淡水湿地生活。

鹲(méng)：一类海鸟，有着特别延长的中央尾羽，见于热带海洋，全世界仅1科1属3种。

鲣鸟(jiānniǎo)：一类海鸟，擅长俯冲捕鱼，从温带到热带地区均有分布，全世界仅1科3属10种。

　　本书所采用的鸟类分类系统为中国观鸟年报《中国鸟类名录》8.0版，该分类系统是由国内观鸟人在参考国际鸟类学委员会（International Ornithological Committee）的《世界鸟类名录》的基础上，对我国鸟类名录进行系统的整理，反映了国内外鸟类学研究的最新成果。

　　本书条目标明每种鸟的分类地位、学名和中文名。读者可以通过目录查看到具体的鸟种页码，进而查阅到具体鸟种的辨识要点、分布和习性与栖息地；也可以直接通过书中索引条目的中文名、拉丁名来查阅本图鉴。

学名　常用英文名　鸟种信息

拼音

常用中文名

重点提示

文字描述

鹲形目 PHAETHONTIFORMES ‖ 鹲科 Phaethontidae

· *Phaethon aethereus*
· Red-billed Tropicbird
· 44—50厘米（不含延长尾羽）
· 迷鸟

hóngzuǐméng

红嘴鹲

辨识要点： 通体以白色为主，眼周及外侧飞羽黑色，背和肩羽具黑色细纹。喙红色，延长的尾巴为白色，可作为识别特征。亚成鸟喙为黄色，尾羽不延长，似白尾鹲的亚成鸟，但翼上覆羽无黑色条带。脚黑色。

分布： 我国在台湾及西沙群岛有记录，为迷鸟。国外见于大西洋、印度洋及太平洋东岸的热带海域。

习性与栖息地： 常在海面活动，飞行时敏捷飘逸。可悬停在空中，看见海面猎物后，先振翅悬停在空中，再俯冲入水捕食，主要以鱼类、甲壳动物和乌贼为食。

成鸟　加勒比海 Stephen Cresswell

鸟种信息
拍摄地点
（国内原则上至省市，国外原则上至国名，偶有特殊意义的到具体地点）
拍摄者

- *Gavia stellata*
- Red-throated Loon
- 54－69厘米
- 冬候鸟、旅鸟

hónghóuqiánniǎo

红喉潜鸟

辨识要点：体型较小的潜鸟。在我国出现时多为非繁殖羽，与黑喉潜鸟的冬羽较难区分，但喙形略上翘，颈侧的白色范围较大。成鸟在繁殖期喉及颈部为栗红色，颈侧为灰色，后颈具黑色细纹。虹膜红色，喙灰黑色，脚黑色。

分布：在我国见于东部沿海地区（包括台湾和海南），在偏北的地区为旅鸟，在华东及华南地区为冬候鸟，偶见于内陆地区。国外繁殖于欧亚大陆、北美大陆北部，南迁至沿海地区越冬。

习性与栖息地：繁殖于北方苔原带，多见于海湾的海岸地带和湖泊中。在沿海海域、近海的大型水库和池塘中越冬。善于潜水，飞行和游泳时颈部伸得很直，可以从水面直接起飞而不需要助跑。

繁殖羽　俄罗斯楚科奇　慕童

繁殖羽　俄罗斯楚科奇　慕童

非繁殖羽 江苏 闪雀

非繁殖羽 江苏 闪雀

非繁殖羽 浙江 范忠勇

非繁殖羽 浙江 范忠勇

非繁殖羽 日本 永井真人

hēihóuqiánniǎo

黑喉潜鸟

- *Gavia arctica*
- Black-throated Loon
- 56—75厘米
- 冬候鸟、旅鸟、繁殖鸟

辨识要点：比红喉潜鸟略大，在我国出现时多数为非繁殖羽，喉和前颈为白色，颈背为黑灰色，前后颈的黑白色分割线较直，喙形直平，与红喉潜鸟不同。繁殖期成鸟的头顶为灰色带金属光泽，颈部为紫黑色，颈侧和胸侧具黑色纵纹，背上具黑白色的棋盘状斑纹。虹膜红色，喙灰黑色，脚黑色。

分布：在我国东部沿海地区越冬，在东北长白山区和新疆北部有少量繁殖记录。国外繁殖于欧亚大陆北部和美国的阿拉斯加州，最北可至北纬80度俄罗斯乔治亚地岛，南迁至沿海地区越冬。

习性与栖息地：类似于其他潜鸟。

繁殖羽 俄罗斯 慕童

繁殖羽的背部花纹 吉林 张明

繁殖羽 吉林 张明

繁殖羽（换羽中）　上海　范忠勇

繁殖羽（换羽中）　上海　范忠勇

繁殖羽　俄罗斯萨哈共和国　任晴

非繁殖羽 江苏 韦晔

非繁殖羽 江苏 闪雀

非繁殖羽 江苏 闪雀

- *Gavia pacifica*
- Pacific Loon
- 61－68厘米
- 冬候鸟、旅鸟

太平洋潜鸟

辨识要点：与黑喉潜鸟十分相似，繁殖期成鸟前颈部为紫黑色带金属光泽，但颈侧的白色竖带和背上的白色菱斑明显，胸部则为白色具黑色细纵带。前颈部呈黑紫色具金属光泽而非黑绿色，下胁部黑色而非白色，游泳时体侧几乎看不见白色。非繁殖羽颜色和黑喉潜鸟相似，但太平洋潜鸟的喙部较短，部分个体具窄的黑色颈环。虹膜红色，喙灰黑色，脚黑色。

分布：在我国为最罕见的潜鸟，偶见于东部近海海域，为冬候鸟或旅鸟。国外在俄罗斯西伯利亚东北部、美国阿拉斯加州和加拿大繁殖，在繁殖区南部的海域越冬。

习性与栖息地：类似于其他潜鸟。

繁殖羽 日本 永井真人

换羽中 日本 永井真人

繁殖羽　日本　永井真人

繁殖羽　日本　永井真人

繁殖羽展翅 俄罗斯 慕童

繁殖羽 俄罗斯 慕童

非繁殖羽（颈部有黑色的窄颈环） 美国 Len Blumin

非繁殖羽 日本 永井真人

- *Gavia adamsii*
- Yellow-billed Loon
- 75 – 100厘米
- 冬候鸟、旅鸟

黄嘴潜鸟

辨识要点：体型最大的潜鸟。喙粗厚并上翘，颈粗壮，前额具有明显的隆起。繁殖期成鸟头和颈部呈黑色，具蓝色金属光泽，颈侧中部有成行的白色竖斑块，上体深色，具棋盘形白色斑块。非繁殖羽为灰黑色，似其他潜鸟，但脸部和颈部颜色很浅，以黄色的喙和较大的体型与其他潜鸟相区分。虹膜红色，喙黄白色，脚黑色。

分布：罕见，见于东部近海海域，也偶见于内陆的河流中，为冬候鸟或旅鸟，近年来在山东南部至江苏北部的近海海域有较为稳定的越冬记录，在重庆和四川偶有记录。国外在环北冰洋的高纬度地区繁殖，在芬兰、挪威、俄罗斯、美国阿拉斯加州和加拿大北部均有繁殖，在繁殖区南部的海域越冬。

习性与栖息地：类似于其他潜鸟，但游泳时颈伸直，头上翘，黄色的喙向上倾斜，可作为野外辨识依据。

繁殖羽 吉林 张明

繁殖羽 美国阿拉斯加州 Josh Parks

繁殖羽 吉林 张明

繁殖羽 吉林 张明

非繁殖羽 江苏 闪雀

非繁殖羽 江苏 闪雀

非繁殖羽 日本 刘雨邑

非繁殖羽 江苏 韦晔

- *Phoebastria immutabilis*
- Laysan Albatross
- 71－81厘米
- 沿海偶见、迷鸟

黑背信天翁

辨识要点： 头顶、颈背及下体白色，但是脸部灰褐色，特别是眼先部分黑色最浓，上体其余部分和翅膀及尾部黑褐色。飞行时翅形极为细长，翅上面黑褐色，无花纹，翅下在翅缘处、翼角及内侧飞羽区黑色，与剩余部分的白色构成独特的对比，部分个体翼下黑色部分少而白色部分多，但图案特征类似。远距离观察时，脸部只有眼先的黑色显著，上体深褐色为主，腰部的白色范围较为局限。虹膜深褐色，喙橘红色为主，端部灰色而基部黄色，脚粉色。

分布： 我国在福建沿海及台湾外围海域有过记录，罕见。国外繁殖于北太平洋中的岛屿，最主要的繁殖地为美国夏威夷群岛，近年来在日本小笠原群岛和墨西哥西海岸的海岛上也有繁殖，非繁殖期在太平洋游荡。

习性与栖息地： 除繁殖期（11月至次年7月）在岛屿上度过之外，其余季节活动于海面上，飞行能力较强，可在高空飞翔，亦可紧贴海面飞行，并时常尾随船只寻找食物，在风浪较大的时候，会更加活跃。喜食表层海水中的头足类软体动物和鱼类，也吃人类丢弃的食物。

历史上，美军中途岛军事基地的修建，对这一物种的生存带来了严重的影响，导致了超过50000只黑背信天翁的死亡。2017年，美国的科学家在中途岛发现了一只66岁雌性黑背信天翁Wisdom，它于1956年首次被科研人员环志，仍然可以繁殖。

近20年来，远洋长线多钩捕鱼的方式和海洋垃圾的问题，对这一物种的影响较大。在捕食过程中，它们常被带有鱼钩的诱饵或沾有腥味的塑料垃圾所吸引，从而被鱼钩钩住致死，或因为吃下了塑料而导致死亡。在中途岛，每年都有大量的幼鸟因为食用塑料垃圾而死亡，其种群情况不容乐观。IUCN目前的评级是近危（NT），但未来可能会上调至易危（VU）。

成鸟 美国 范忠勇

成鸟 日本 永井真人

成鸟 日本 永井真人

成鸟和雏鸟 美国 范忠勇

成鸟 美国 范忠勇

携带鱼线飞行的黑背信天翁 日本 永井真人

hēijiǎoxìntiānwēng

黑脚信天翁

- *Phoebastria nigripes*
- Black-footed Albatross
- 76—88厘米
- 沿海偶见迷鸟

辨识要点：翅狭长，为典型信天翁科的特征。通体几乎暗褐色，腹部颜色偏灰色，尤其腹部中央的颜色更浅。额基部、喙基部和眼纹为浅白色，脸部其他地方偏灰色，比身体其他部位的颜色要浅一些。尾羽黑色较深，尾上覆羽和尾下覆羽一般为黑色，也有个体为白色。亚成鸟黑褐色，不像成鸟为白色。幼鸟上体黑褐色但是比成鸟浅。虹膜褐色，喙黑褐色，脚黑色。

分布：历史上，我国有一小种群在钓鱼岛繁殖，现已非常少见。目前偶见于台湾外围海域，为漂鸟。国外还繁殖于北太平洋中的岛屿，包括日本伊豆诸岛、小笠原群岛和美国夏威夷群岛，非繁殖期在太平洋游荡。

习性与栖息地：似其他信天翁，成年之后每年均可繁殖，繁殖期为10月至次年6月初，但如果连续两年繁殖成功，则在第三年需要暂停繁殖一年，以供换羽。在繁殖岛上，常和黑背信天翁混群，并偶有杂交个体出现。

成鸟　日本　永井真人

成鸟 美国 Josh Parks

成鸟 日本 永井真人

成鸟 日本 永井真人

亚成鸟 日本 永井真人

亚成鸟 美国 慕童

- *Phoebastria albatrus*
- Short-tailed Albatross
- 88－92厘米
- 沿海偶见迷鸟

短尾信天翁

辨识要点：在北半球三种信天翁中体型最大。翅展可达240厘米，身体粗壮。本种成鸟为北太平洋唯一以白色为主的信天翁，不易误认。成鸟体羽几乎纯白色，仅在头顶和枕部沾有橙黄色，在翅膀上，飞羽、肩和尾部末端为黑褐色。尾部相对于身体的比例较短，飞行时脚明显伸出尾部末端。幼鸟上体黑褐色，似黑脚信天翁，但是体型明显大于后者，且喙浅褐色，喙基部无白色，脚偏蓝色。虹膜褐色，喙粉红色，端部浅蓝色，脚蓝灰色。

分布：在我国主要繁殖于钓鱼岛及附近岛屿，偶见于台湾及福建海域，有漂鸟至山东东部沿海。国外主要繁殖于日本伊豆群岛的鸟岛（Tori-shima），在小笠原群岛和美国夏威夷群岛偶有繁殖记录，非繁殖期在北太平洋游荡。

习性与栖息地：类似于其他信天翁，除繁殖期（10月至次年6月）在岛屿上度过之外，其余时间均活动于海面上，飞行能力极强，善于借助海上气流做长距离飞行。捕食除白天外，也可在夜间进行。

IUCN受胁等级：易危（VU）。

国家保护级别：Ⅰ级。

备注：种群数量受到远洋长线捕鱼和误食垃圾的影响而下降。在20世纪中期，短尾信天翁的数据一度急剧下滑，到1954年，日本的鸟岛上仅有25只个体。到2014年，该物种的全球总量已经增加到大约4200只，但仍旧是全世界最稀少的信天翁种类。

成鸟 日本 永井真人

成鸟 日本 马嘉慧

幼鸟 美国 RJ Baltierra

幼鸟 日本 永井真人

亚成鸟 俄罗斯 Carolyn Stewart

hēichāwěihǎiyàn

黑叉尾海燕

- *Oceanodroma monorhis*
- Swinhoe's Storm Petrel
- 19—20厘米
- 夏候鸟、旅鸟

辨识要点：通体深褐色，头部和颈部褐色较浅但灰色较浓。外侧初级飞羽的中部羽轴呈白色，外侧翅上覆羽羽缘颜色浅褐色，在翼上形成一条较为明显的翼带，尾叉交叉，不如白腰叉尾海燕、褐翅叉尾海燕和烟黑叉尾海燕的尾叉明显。虹膜深褐色，喙和脚黑色。

分布：我国繁殖于黄海近海岛屿，如青岛的大公岛，在东海近海可能有繁殖，夏季偶见；迁徙期见于东南沿海海域。国外繁殖于琉球群岛和日本海岛屿，到东南亚海域和印度洋越冬。

习性与栖息地：繁殖期5月至10月。远洋性海鸟，迁徙时偶尔见于近海海域。在海中的无人小岛上繁殖，白天离岛觅食，到晚上才回岛集群，偶尔至海岸地带。白天在水面上活动时，多集大群。飞行轻巧、敏捷，不时用翅膀和脚拍击水面。

成鸟 山东 曾晨

成鸟 新加坡 Tan Kok Hui

成鸟 福建 范忠勇

báiyāochāwěihǎiyàn

白腰叉尾海燕

- *Oceanodroma leucorhoa*
- Leach's Storm Petrel
- 19—22厘米
- 迷鸟

辨识要点： 通体深褐色，头部和颈部显得更灰，与深色飞羽对比明显，形成明显的浅色翼带，腰部及尾上覆羽白色，可作为识别特征。*chapmani*亚种也是浅棕色，但主要见于东太平洋。我国分布的为指名亚种，腰部及尾上覆羽白色。与黑叉尾海燕相比，体型略大，翅膀更宽，且尾叉更深。虹膜深褐色，喙和脚黑色。

分布： 繁殖期为4月至8月。我国仅在黑龙江有记录，为迷鸟。国外繁殖于北美西海岸、阿留申群岛、千岛群岛以及北欧，非繁殖期广泛分布于太平洋和大西洋。

习性与栖息地： 类似于其他叉尾海燕。

成鸟 美国 Nick Tepper

成鸟 墨西哥 Ken Chamberlain

成鸟 加拿大 Mark Dennis

成鸟翼上有"V"字形浅色斑 日本 永井真人

成鸟翼下为灰色 日本 永井真人

hèchìchāwěihǎiyàn

褐翅叉尾海燕

- *Oceanodroma tristrami*
- Tristram's Storm Petrel
- 24—25厘米
- 迷鸟

辨识要点： 通体深褐色，翅上覆羽棕灰色，形成明显的浅色翼带，从三级飞羽一直延伸到翼角。腰部颜色为淡棕色或棕褐色，尾部分叉深，且翅形稍窄。虹膜深褐色，喙和脚黑色。

分布： 在冬季开始繁殖，通常10月至11月回到繁殖岛，12月开始繁殖，幼鸟次年4月至6月飞离。台湾附近海域偶有记录，为迷鸟。国外繁殖于日本小笠原群岛及美国夏威夷群岛，非繁殖期见于北太平洋。

习性与栖息地： 类似于其他叉尾海燕。

飞行中的成鸟 日本 永井真人

繁殖中的成鸟 美国 USFWS-Pacific Region

飞行中的成鸟，叉尾明显　日本　永井真人

幼鸟　美国　Duncan Wright, USFWS

日本叉尾海燕

- *Oceanodroma matsudairae*
- Matsudaira's Storm Petrel
- 24—25厘米
- 沿海罕见迷鸟

辨识要点：体型较大，与褐翅叉尾海燕体色相似，亦具翼上浅色翼带，腰部深色，但是日本叉尾海燕有6—7枚外侧初级飞羽根部浅色，因此飞行时可见到翼角处浅色"逗号"状纹。虹膜深褐色，喙和脚黑色。

分布：我国可能出现在东海地区。国外繁殖于日本小笠原群岛、硫磺列岛，繁殖结束后往南迁徙至新几内亚岛北部海域，再往西迁徙至印度洋海域越冬，最西可至肯尼亚沿海。

习性与栖息地：1月回到繁殖岛，繁殖期为3月至6月，7月开始南迁，习性类似于其他叉尾海燕。

备注：又名烟黑叉尾海燕。

飞行中的成鸟，外侧尾羽根部为浅色 日本 永井真人

成鸟 日本 永井真人

- *Oceanites oceanicus*
- Wilson's Storm Petrel
- 15 – 20厘米
- 沿海罕见迷鸟

huángpǔyánghǎiyàn

黄蹼洋海燕

辨识要点：体型小的远洋性海燕。通体烟黑色，腰部白色，呈马蹄形，尾部呈方形，大覆羽灰色，飞行时形成一个"V"字形的浅色斑。腿长，脚为黑色，具黄色的脚蹼。

分布：我国极为罕见，偶见于南海及东海。1991年在黄海的前三岛海域有捡到死亡个体，但未留下照片或标本资料（李悦民等，1994）；1992年在香港东南约500千米的南海海域有目击记录（Lamont，1993）；2019年在浙江杭州西湖有可信的照片记录，为被台风吹来的个体。国外繁殖于南极近海和亚南极区域海岛，非繁殖期见于南半球海域，罕见于北半球。

习性与栖息地：11月至12月回到繁殖岛，至次年5月繁殖结束，之后迁移至热带海域。飞行时有点水的习性，可作为本种的识别特征之一。

成鸟 南极近海 危蹇

澳大利亚塔斯马尼亚岛 James Bailey

bàoxuěhù

暴雪鹱

- *Fulmarus glacialis*
- Northern Fulmar
- 45 – 50厘米
- 罕见冬候鸟

辨识要点：体型略显短圆，浅色型鸟头、颈背及下体几乎呈白色，身体余部灰色，翅尖颜色略深，而深色型鸟通体灰褐色。虹膜深褐色，喙端部黄色，基部深色或灰蓝色，管鼻深色或灰蓝色，脚灰褐色。

分布：我国仅见于辽宁东部沿海，为罕见冬候鸟。国外繁殖于北冰洋、北太平洋和北大西洋中的海岸及岛屿，非繁殖期在这些大洋靠南的区域游荡。

习性与栖息地：该鸟偏好寒冷海域。在靠近海岸的峭壁上繁殖，有时也在离海岸有一定距离的陆地上繁殖。在海面掠食而较少扎入水中捕食，以各种软体动物和鱼类为主。喜欢跟船飞行，寻找食物。

深色型 美国 慕童

深色型 美国 慕童

浅色型 俄罗斯 吴岚

浅色型 美国 慕童

浅灰色型 美国 慕童

灰色型 巴伦支海 邵云

灰色型 巴伦支海 邵云

- *Pterodroma hypoleuca*
- Bonin Petrel
- 30厘米
- 远洋性海鸟、迷鸟

白额圆尾鹱

辨识要点： 黑白分明的鹱。上体为浅灰色至灰褐色，肩角浅灰色，额部白色显著，喉部及下体均为白色，胸部有宽阔的灰色半颈环，在胸口断开并不连在一起。飞行时翅下有黑白对比明显的花纹，是本种飞行时最显著的识别特征。

分布： 我国见于上海、福建和台湾沿海，为偶见迷鸟。国外在日本小笠原群岛和美国夏威夷群岛繁殖，非繁殖期见于北太平洋海域。

习性与栖息地： 12月至次年4月为繁殖期，在遥远海岛的峭壁上筑巢。在海面上取食鱼、鱿鱼、虾和海黾（一种远洋性昆虫）。

日本 永井真人

成鸟及繁殖巢 美国 Andy Bridges

成鸟 美国 Andy Bridges

雏鸟 美国 Andy Bridges

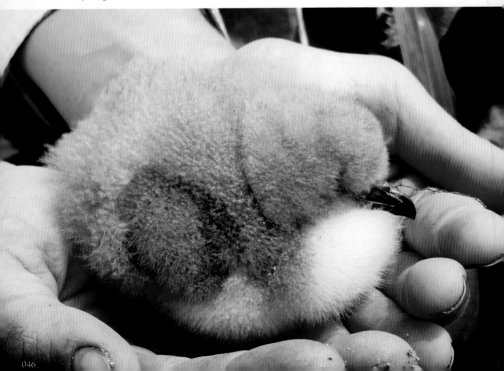

- *Pseudobulweria rostrata*
- Tahiti Petrel
- 38－40厘米
- 远洋性海鸟、迷鸟

钩嘴圆尾鹱

辨识要点： 黑白分明的鹱。背面、头顶至前胸部黑褐色，头顶和腰部的颜色略浅，胸以下的部分白色。翅膀上部、下部皆为黑褐色，翅膀下面中段有黑色条纹。虹膜深褐色，黑色的喙较厚，末端下弯，腿浅粉色，脚和脚蹼深色。

分布： 我国曾在台湾附近海域有记录，为罕见迷鸟。国外繁殖于西南太平洋，在俾斯麦群岛、所罗门群岛、斐济、萨摩亚群岛均有繁殖，非繁殖期在周边海域附近游荡。

习性与栖息地： 繁殖于火山形成的岛屿或者珊瑚岛礁，在洞穴或岩石缝中筑巢繁殖，形成松散的繁殖群落。利用气流在海面活动，啄食海面表层的各种头足类软体动物和鱼类。

澳大利亚 John Gunning

停歇在水面的成鸟 澳大利亚 John Gunning

báiéhù

白额鹱

- *Calonectris leucomelas*
- Streaked Shearwater
- 47—52厘米
- 夏候鸟、旅鸟、冬候鸟

辨识要点：上体暗褐色，头顶灰白色，头侧和颈部具有褐色纵纹，下体和翼下覆羽主要为白色，尾呈楔形。虹膜暗褐色，喙淡灰色到粉色，脚粉色。

分布：我国最容易见到的鹱。在我国黄海和渤海的部分近海海岛上有繁殖记录，迁徙时经过我国东部海域，台湾沿海终年可见，但2月数量最多，台风时会进入内陆。国外繁殖于太平洋西北部岛屿，非繁殖期迁往菲律宾、印度尼西亚及美国夏威夷群岛等地。

习性与栖息地：通常在2月中旬回到繁殖岛，但直到6月才开始产卵，在岩石缝中筑巢繁殖，10月至11月繁殖结束并离开。根据1986年至1987年的环志观察，白额鹱对繁殖岛的忠诚度较高。白天在繁殖岛附近海域活动，常低飞于海面，遇到浅层鱼虾群后可潜水或者游泳取食，主要以虾和鱼类为食，直到夜里才返回岛上。

成鸟 山东 曾晨

成鸟 山东 薛琳

淡色型 墨西哥 Carlos Domínguez-Rodríguez

淡色型 澳大利亚 Carolyn Stewart

灰鹱

- *Ardenna grisea*
- Sooty Shearwater
- 40—51厘米
- 远洋性海鸟

辨识要点： 体较为修长的鹱。翅膀狭长。通身几乎暗褐色，头部的褐色更浓，翼下覆羽中间部分为白色至浅色，与边缘部分的对比较为强烈，翅上覆羽的羽缘淡褐色。相比其他中小型鹱，体型显得粗壮，翅膀更加尖长。虹膜暗褐色，喙褐色，脚灰黑色。

分布： 我国于台湾沿海为罕见夏候鸟或迷鸟，Mathews & Iredale(1915)曾于1905年在澎湖列岛捕获过两只正在筑巢的灰鹱个体，但已多年没有记录。国外繁殖于澳大利亚东南到新西兰的小岛上，南美洲最南端附近岛屿亦有繁殖记录。非繁殖期见于北大西洋和北太平洋。

习性与栖息地： 似其他鹱类。

成鸟 新西兰 Oscar Thomas

成鸟 新西兰 朱雷

成鸟 新西兰 Oscar Thomas

成鸟，翼下有灰白色斑块 美国 Christopher Lindsey

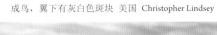

灰鹱喜欢成群活动 新西兰 朱雷

成鸟 日本 永井真人

- *Ardenna tenuirostris*
- Short-tailed Shearwater
- 35—40厘米
- 远洋性海鸟

短尾鹱

辨识要点：中等体型的鹱。颈短，整体显得肥胖。体为棕褐色，但翼下覆羽中间部分为灰棕色，与边缘的深色对比不明显，具淡灰色尖端，尾短圆，飞行时脚超过尾巴末端。虹膜褐色，喙黑褐色，喙峰和鼻管黑色，脚暗褐色。

分布：我国在台湾和香港海域有记录，为罕见迷鸟。国外繁殖于南太平洋，非繁殖期在北太平洋游荡。

习性与栖息地：似其他鹱类。

日本 永井真人

成鸟 日本 永井真人

成鸟 日本 永井真人

成鸟 日本 永井真人

- *Ardenna carneipes*
- Flesh-footed Shearwater
- 40－45厘米
- 远洋性海鸟（非繁殖）

dànzúhù

淡足鹱

辨识要点：身体粗壮，通体黑褐色几乎无斑纹。灰白色的喙长且粗壮，先端为黑色，腿和脚肉色。

分布：我国目前的记录仅见于台湾附近海域。国外主要繁殖于澳大利亚、新西兰及印度洋南部岛屿，非繁殖期（6月至9月）在西北太平洋游荡。依据澳大利亚豪勋爵岛对繁殖个体进行的卫星追踪记录（2005年至2008年），在非繁殖期，每年都有一定数量的个体至我国黄渤海海域活动。虽有资料提及在我国南海有繁殖，但无更多的信息支持。

习性与栖息地：似其他鹱类。

飞行中的成鸟 新西兰 Spencer McIntyre

飞行中的成鸟 美国 Subash Chand

新西兰　Lily Castle

成鸟　美国　慕童

- *Bulweria bulwerii*
- Bulwer's Petrel
- 26—28厘米
- 夏候鸟

hèyànhù

褐燕鹱

辨识要点： 小型鹱类。整体为烟褐色，翼上覆羽具浅色横纹，大覆羽染灰白色。与黑叉尾海燕相似，但体型略大，尾长呈楔形，飞行姿势和海燕明显不同。虹膜褐色，喙黑色，脚粉色，蹼黑色。

分布： 我国见于东海海域及台湾北部海域，为夏候鸟。历史上在台湾北部的棉花屿和彭佳屿周边，夏季容易见到，如今数量已有减少的迹象。国外广泛分布于热带和亚热带海域。

习性与栖息地： 多在远海活动，遇台风天气可至近海活动。常集小群活动，停在水面休息，或贴海面低飞，飞行轻巧灵活，善于转向。可在夜晚取食，以鱼、乌贼等为食。在海中小岛的岩石缝隙中筑巢繁殖。

成鸟 浙江 范忠勇

成鸟 浙江 范忠勇

061

成鸟 葡萄牙 John Dreyer Andersen

成鸟 台湾 郑伟强

成鸟 台湾 曾晨

- *Phaethon aethereus*
- Red-billed Tropicbird
- 44－50厘米（不含延长尾羽）
- 迷鸟

红嘴鹲

辨识要点： 通体以白色为主，眼周及外侧飞羽黑色，背和肩羽具黑色细纹。喙红色，延长的尾巴为白色，可作为识别特征。亚成鸟喙为黄色，尾羽不延长，似白尾鹲的亚成鸟，但翼上覆羽无黑色条带。脚黑色。

分布： 我国在台湾及西沙群岛有记录，为迷鸟。国外见于大西洋、印度洋及太平洋东岸的热带海域。

习性与栖息地： 常在海面活动，飞行时敏捷飘逸。可悬停在空中，看见海面猎物后，先振翅悬停在空中，再俯冲入水捕食，主要以鱼类、甲壳动物和乌贼为食。

成鸟　加勒比海 Stephen Cresswell

成鸟 塞舌尔鸟岛 刘立峰　　　　　　　　　　　　　　　　　　　　成鸟 厄瓜多尔加拉帕戈斯群岛 何鑫

成鸟和雏鸟 厄瓜多尔 孙家杰

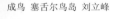

亚成鸟 美国 Michael Todd

064

- *Phaethon rubricauda*
- Red-tailed Tropicbird
- 38—51厘米（不含延长尾羽）
- 迷鸟

辨识要点： 通体以白色为主，眼周有黑斑，外侧初级飞羽的羽轴黑色，翼上另外两条黑色细纹，与外侧飞羽形成"M"字形图案，飞行时显著。喙红色，延长的中央尾羽为红色。亚成鸟喙黑色，尾羽不延长，翼上覆羽黑色面积较大。脚黑色。

分布： 我国偶见于台湾周边海域，在福建马祖列岛也有记录，可能还见于南海。国外繁殖于太平洋和印度洋的热带、亚热带海域。

习性与栖息地： 似其他鹲。

成鸟 日本 永井真人

成鸟 美国夏威夷群岛 范忠勇

成鸟 日本 永井真人

成鸟 美国夏威夷群岛 范忠勇

成鸟 澳大利亚 刘立峰

成鸟 澳大利亚 刘立峰

成鸟 美国夏威夷群岛 范忠勇

成鸟 美国夏威夷群岛 范忠勇

- *Phaethon lepturus*
- White-tailed Tropicbird
- 33—40厘米（不含延长尾羽）
- 迷鸟

白尾鹲

辨识要点：通体白色为主，眼周及外侧飞羽黑色，背和肩羽具黑色细纹。喙黄色，延长的尾巴为白色。亚成鸟喙为黄色，尾羽不延长，似红嘴鹲的亚成鸟，但翼上有较为显著的黑色条带。脚黑色。

分布：我国在东沙群岛、香港及台湾周边海域有记录，为迷鸟。国外繁殖于太平洋、印度洋和大西洋的热带海域。

习性与栖息地：似其他鹲。

成鸟 印度尼西亚 黄秦

成鸟 美国夏威夷群岛 Josh Parks

069

成鸟 塞舌尔鸟岛 刘立峰

成鸟 塞舌尔鸟岛 刘立峰

- *Fregata andrewsi*
- Christmas Island Frigatebird
- 95厘米
- 罕见迷鸟

白腹军舰鸟

辨识要点： 体型最大的军舰鸟。雄鸟喙黑色，具红色喉囊，通体为黑色，只有下腹白色；雌鸟喙肉粉色，无红色喉囊，体羽以黑色为主，胸腹部均为白色，近腋部有长条形白斑；亚成鸟似雌鸟，但整个头部均为浅黄色。在繁殖岛上炫耀时，雄鸟会将红色的喉囊充气并胀大。

分布： 我国在广东、浙江、上海沿海有记录，为罕见迷鸟。国外仅繁殖于印度洋中的圣诞岛，非繁殖期游荡至澳大利亚北部、大巽他群岛海域及巴拉望海。

习性与栖息地： 繁殖于海岛的乔木上，飞行能力强。在热带大洋长时间巡飞翱翔，不善游水，常在海岛周围抢夺其他海鸟的食物，更常光顾海岸线，偶至内陆水域。

IUCN受胁等级： 极危（CR），全球种群在2400—4800只，且仍在不断下降。

国家保护级别： I级。

雄鸟 澳大利亚 刘立峰

雌鸟 澳大利亚 Hickson Fergusson

雌鸟 澳大利亚 Hickson Fergusson

亚成鸟 澳大利亚 刘立峰

- *Fregata minor*
- Great Frigatebird
- 95厘米
- 繁殖鸟、迷鸟

大军舰鸟

辨识要点：体型较大的军舰鸟。雄鸟全身均为黑色，仅喉囊红色，雌鸟喉及胸灰白色，亚成鸟上体深褐色，头、颈及下体灰白沾铁锈色，似白斑军舰鸟，但体型更大。虹膜褐色，喙雄鸟青蓝色，雌鸟近粉色，脚成鸟偏红色，幼鸟蓝色。

分布：我国在西沙群岛及南沙群岛有繁殖，迷鸟至东南沿海（包括台湾沿海），最北至秦皇岛。国外广布于太平洋和印度洋的热带海域。

习性与栖息地：似其他军舰鸟。

雄鸟 塞舌尔鸟岛 刘立峰

雌鸟 厄瓜多尔加拉帕戈斯群岛 何鑫

雄鸟 塞舌尔鸟岛 刘立峰

雌鸟 塞舌尔鸟岛 刘立峰

雌鸟 美国 Donna Pomeroy

雌鸟 澳大利亚 钟宏英

亚成鸟　日本　永井真人

亚成鸟　日本　永井真人

亚成鸟　日本　永井真人

亚成鸟　福建　肖炳祥

白斑军舰鸟

- *Fregata ariel*
- Lesser Frigatebird
- 78厘米
- 繁殖鸟、迷鸟

辨识要点：羽色较深，翅膀窄长且尖，尾分叉，成鸟腹部两边各有一大块白斑。雄性喉囊红色。亚成体腹部白色面积大。虹膜褐色，喙灰色，脚红色。

分布：我国在西沙群岛及南沙群岛有繁殖记录，迷鸟见于沿海各地，最北至北京，在河南三门峡也有过记录，是我国大陆近海出现概率最高的军舰鸟，通常在夏季出现，且多为亚成鸟。国外见于太平洋、西印度洋和大西洋的热带、亚热带海域。

习性与栖息地：似其他军舰鸟。

亚成鸟　日本　永井真人

亚成鸟 广东 黄秦

亚成鸟 广东 田穗兴

成鸟和亚成鸟 上海 宋建跃

lánliǎnjiānniǎo

蓝脸鲣鸟

- *Sula dactylatra*
- Masked Booby
- 80厘米
- 偶见迷鸟

辨识要点：在中国三种鲣鸟中体型最大。成鸟体羽以白色为主，飞羽和尾羽黑色，与其他鲣鸟相区分。亚成鸟通体烟褐色，具有白色颈环。虹膜金黄色，喙雄成鸟黄色，雌成鸟黄绿色，脚灰色。

分布：我国在台湾北部海域有观察记录，在钓鱼岛有繁殖记录。国外广布于热带海域，在太平洋、印度洋和大西洋均有分布。

习性与栖息地：典型的热带地区远洋性鸟类，主要栖息于热带海洋中的岛屿、海岸和海面上。善于飞翔，常从空中俯冲至水下抓鱼。常在岛屿的灌丛间或乔木枝上休息。主要以鱼类为食，也吃乌贼和甲壳类动物等。其喉部囊袋可以吞食体型较大的鱼，并能储存食物。

国家保护级别：II级。

成鸟 东海海域 陈逸

成鸟 东海海域 陈逸

俯冲 钓鱼岛 甘礼清

成鸟 东海海域 陈逸

成鸟 钓鱼岛 马嘉慧

成鸟 钓鱼岛 马嘉慧

hóngjiǎojiānniǎo

红脚鲣鸟

- *Sula sula*
- Red-footed Booby
- 68—75厘米
- 夏候鸟

辨识要点：具两种色型。白色型成鸟全身白色，仅初级飞羽和次级飞羽黑色，翼上的黑色范围比蓝脸鲣鸟窄；暗色型成鸟全身为烟褐色；亚成鸟似暗色型成鸟。喙蓝灰色，基部粉红色，雄鸟在繁殖期时，下喙转为黄绿色，喙下裸露的皮肤黑色。脚具蹼，为红色，是重要的识别特征。

分布：我国在西沙群岛有繁殖记录，西沙群岛周边海域全年可见，香港及台湾北部沿海偶有记录。国外广布于热带海域，在太平洋、印度洋和大西洋均有分布。

习性与栖息地：似蓝脸鲣鸟。在我国永兴岛和东岛上曾大量繁殖，目前因为人为干扰，只在东岛上有繁殖。

国家保护级别：II级。

雌鸟 西沙群岛 周佳俊

雄鸟 美国夏威夷群岛 范忠勇

雄鸟 美国夏威夷群岛 范忠勇

雄鸟俯冲飞行 美国夏威夷群岛 范忠勇

雄鸟 美国夏威夷群岛 范忠勇

成年雌鸟 西沙群岛 卢刚

鸟群 西沙群岛 卢刚

雌鸟在巢孵卵中　西沙群岛　曹垒

雏鸟　西沙群岛　曹垒

中间型（白头白尾） 美国 Jay Rasmussen

红脚鲣鸟（亚成）和大凤头燕鸥 浙江 丁鹏

hèjiānniǎo

褐鲣鸟

- *Sula leucogaster*
- Brown Booby
- 64—74厘米
- 留鸟、冬候鸟、迷鸟

辨识要点：喙大，呈圆锥形。成鸟上体烟褐色，胸、翅下覆羽和尾下覆羽白色。亚成鸟通体烟褐色。雄鸟喙基部和脸部裸露的皮肤淡蓝色，雌鸟黄色。虹膜灰色，喙成鸟黄色，亚成鸟灰色，脚黄绿色。

分布：我国在钓鱼岛及南沙群岛的弹丸礁有繁殖记录，台湾沿海全年可见，东沙群岛、南沙群岛等地也经常有观察记录，香港、广东、福建及上海沿海亦有记录。国外广布于热带和亚热带海域，在太平洋、印度洋和大西洋均有分布。

习性与栖息地：似蓝脸鲣鸟。

国家保护级别：II级。

雌鸟 东海海域 陈逸

雌鸟 印度尼西亚 Steve Jones

雌鸟 钓鱼岛 马嘉慧

雄鸟 钓鱼岛 马嘉慧

孵卵中的雌鸟 美国夏威夷群岛 Andy Bridges

褐鲣鸟一家（从左到右依次为雌鸟、雏鸟、雄鸟） 美国夏威夷群岛 Andy Bridges

雌鸟 西沙群岛 卢刚

亚成鸟 菲律宾 Francesco Ricciardi

亚成鸟 菲律宾 Francesco Ricciardi

亚成鸟 斐济 黄秦

- *Phalacrocorax pelagicus*
- Pelagic Cormorant
- 70—79厘米
- 留鸟、旅鸟

海鸬鹚

辨识要点： 通体几乎全部黑色，颈部紫色并具金属光泽，繁殖期头顶和枕后各具一束黑色的冠羽，两胁处各具一块白斑，飞行时比较明显，喙比其他鸬鹚细，脸部和眼周的裸皮呈红色。虹膜绿色，喙黄色到黑褐色，脚黑绿色。

分布： 我国在辽东半岛、山东半岛沿海的岛屿上有繁殖记录，冬候鸟见于广东、福建及台湾沿海，数量稀少。国外分布于北太平洋沿岸各地。

习性与栖息地： 栖息于沿海岛屿和近海岸的悬崖地带。常集群在岩石上休息。捕食时频繁地潜水捕鱼，也以甲壳动物为食。

国家保护级别： II级。

成鸟繁殖羽 辽宁 关翔宇

繁殖羽 辽宁 张明

成鸟繁殖羽 辽宁 关翔宇

繁殖羽 辽宁 张明

繁殖中的海鸬鹚 辽宁 雷磊

成鸟繁殖羽 辽宁 关翔宇

成鸟非繁殖羽 日本 永井真人

非繁殖羽 日本 永井真人

成鸟非繁殖羽 日本 永井真人

繁殖中的海鸬鹚 辽宁 唐万玲

幼鸟（左）和成鸟繁殖羽（右） 日本 永井真人

幼鸟 山东 曾晨

幼鸟 日本 永井真人

红脸鸬鹚

- *Phalacrocorax urile*
- Red-faced Cormorant
- 71—89厘米
- 罕见冬候鸟

辨识要点：形态与海鸬鹚极为相似，但是体型更大，颈部比海鸬鹚短，脸部和眼周的红色裸皮区域较大。虹膜绿褐色，喙黄色，端部较深但基部天蓝色（非繁殖期褐色），脚黑色。

分布：我国在辽东半岛为罕见冬候鸟。国外见于日本海、日本东海岸、西伯利亚东部至美国阿拉斯加州之间的北太平洋海域。某鸟类图书记录该种在台湾有迷鸟，但无更多资料支持。

习性与栖息地：海洋性鸬鹚，习性似海鸬鹚。

成鸟 日本 永井真人

繁殖羽与幼鸟 日本 永井真人

成鸟 日本 永井真人

非繁殖羽 日本 永井真人

ànlǜbèilúcí

暗绿背鸬鹚

- *Phalacrocorax capillatus*
- Japanese Cormorant
- 82—84厘米
- 夏候鸟、冬候鸟

辨识要点：与普通鸬鹚甚为相似，本种的背部、肩部和翅上覆羽的颜色偏绿色并带金属光泽，而普通鸬鹚这些部位的羽毛偏铜褐色。脸部白色裸皮和喉囊裸露皮肤的面积较大，上下喙基的黄色边缘呈锐角，而普通鸬鹚通常呈钝角。虹膜蓝色，喙黄色，脚黑色。

分布：我国在辽宁沿海有繁殖记录，越冬期见于浙江、福建、台湾及香港沿海。国外见于俄罗斯东南沿海（包括库页岛）、日本和朝鲜半岛。

习性与栖息地：繁殖于海岛悬崖上或者近海岸的乔木上，捕食鱼类。

繁殖羽 韩国 Seokin Yang

成鸟非繁殖羽 辽宁 关翔宇

繁殖中的成鸟 辽宁 王乘东

暗绿背鸬鹚和海鸬鹚在海岛悬崖上混圈栖息 山东 曾晨

成鸟和亚成鸟 俄罗斯 Carolyn Stewart

暗绿背鸬鹚和海鸬鹚（左一和右边三只）常混群栖息 辽宁 关翔宇

亚成鸟 辽宁 关翔宇

亚成鸟 辽宁 关翔宇

亚成鸟 山东 曾晨

亚成鸟 辽宁 关翔宇

- *Uria aalge*
- Common Murre
- 38－43厘米
- 迷鸟

崖海鸦

辨识要点： 黑白色的中型海鸟，站姿似企鹅。成鸟繁殖羽头部及上体黑褐色，胸、腹部、翅斑、眼圈及眼后曲线斑白色；非繁殖羽颈侧白色，眼后有细长的黑色纹。翼下有独特的黑白色斑纹，飞行时显著。虹膜黑褐色，喙黑色，脚黑灰色。

分布： 我国在台湾偶有记录，为迷鸟。国外繁殖于环北冰洋的高纬度地区，在距我国较近的俄罗斯海参崴近海和日本北海道的天卖岛有繁殖记录。非繁殖期则往南迁徙越冬，最南可至北纬35度的海岸地带（日本本州、葡萄牙、美国加利福尼亚州中部和纽约州）。

习性与栖息地： 在海岸的悬崖上集大群筑巢繁殖，非繁殖期亦为海洋性生活，偏好寒冷海域。

非繁殖羽 日本 永井真人

非繁殖羽 日本 永井真人

繁殖羽 俄罗斯 Jeff Bleam

繁殖羽 俄罗斯 Carolyn Stewart

集群繁殖 俄罗斯 Vladimir Arkhipov

斑海雀

- *Brachyramphus perdix*
- Long-billed Murrelet
- 24—26厘米
- 旅鸟、冬候鸟

辨识要点：繁殖羽通身黄褐色，多布深色横纹；我国的个体多为非繁殖羽，头顶、上脸、颈侧、上体呈黑灰色，翅上具白斑，下体白色，不具深色横斑。虹膜黑褐色，黑色的喙细长，使得整个鸟的头型看起来较为尖细，脚淡黄色。

分布：我国在黑龙江、辽宁、山东、江苏、福建有记录，为旅鸟或冬候鸟。国外见于鄂霍次克海沿海各地（包括库页岛和北海道）。

习性与栖息地：海岛上集群繁殖，繁殖结束后扩散至附近海域越冬，少量种群南迁。

IUCN受胁等级：近危（NT）。

备注：由斑海雀*Brachyramphus marmoratus*的*perdix*亚种提升为独立种，我国境内以往的记录均为此种，为避免混淆，该物种的中文名保持不变，英文名和拉丁学名已更新。

繁殖羽 美国 Kerry Ross

非繁殖羽 英国 Alan Tate

非繁殖羽 日本 田野井博之

非繁殖羽 英国 Alan Tate

非繁殖羽 日本 田野井博之

非繁殖羽 日本 田野井博之

- *Synthliboramphus antiquus*
- Ancient Murrelet
- 25厘米
- 夏候鸟、冬候鸟

扁嘴海雀

辨识要点： 体圆胖的海雀，头大喙小，对比明显。喙粗短且色浅，是本种的识别特征，并且无论何种羽色，颈侧均有一个宽阔的白色半领圈，往斜上方延伸至眼下。繁殖期白色的眉纹因羽延长而散开，背蓝灰色，喉黑色，下体白色；非繁殖期无白色眉纹，喉部黑色消失。飞行时翼下白色，前后缘均色深，两胁略呈灰色。无论何种羽色均和冠海雀接近，但冠海雀喙为蓝灰色，繁殖期眉纹更粗更白，非繁殖期上体为青灰色而非黑色，眼周较为灰白。虹膜褐色，喙象牙白而喙端深色，脚灰色。

分布： 我国繁殖（1月至5月）于山东青岛近海（大公岛）和江苏连云港（前三岛），非繁殖期偶见于香港、广东及海南近海。国外分布于美国阿留申群岛、阿拉斯加州，俄罗斯西伯利亚的东部沿海，日本北部及朝鲜半岛。

习性与栖息地： 每年1月回到繁殖岛上，2月开始产卵繁殖，4月至5月繁殖结束。在繁殖期栖息于近海海岛的岩石上，非繁殖期主要栖息于开阔的海洋中。单只或成小群活动，常在水面游泳或潜水。主要以小鱼以及海洋无脊椎动物为食。飞行低、直且距离短，很快又落到海面。

非繁殖羽　日本　永井真人

江苏　闪雀

繁殖羽 山东 薛琳

繁殖羽 美国 Greg Lasley

- *Synthliboramphus wumizusume*
- Japanese Murrelet
- 25厘米
- 迷鸟

　　辨识要点：体圆胖，喙极短，额、头顶及颈背呈青黑色，夏季具黑色尖形的凤头，颊及上喉灰色，头侧有白色条纹延至上枕部相交，上体灰黑色，下体近白色，两胁灰黑色。似扁嘴海雀，但头部的黑白色分布不同。虹膜褐黑色，喙灰白色，脚黄灰色。

　　分布：迷鸟见于我国东海及台湾、香港近海。国外分布于日本及其附近海域。

　　习性与栖息地：繁殖期主要栖息于海岸和沿海岛屿上，非繁殖期栖息于近海海面上。常成小群活动，主要以小鱼以及海洋无脊椎动物为食。

　　IUCN受胁等级：易危（VU）。

成鸟　日本　永井真人

成鸟　日本　永井真人

角嘴海雀

- *Cerorhinca monocerata*
- Rhinoceros Auklet
- 32－38厘米
- 冬候鸟

辨识要点： 体型较大的海雀。上体灰黑色，胸灰褐色，腹部白色。相对于中国的其他海雀，喙明显较为粗壮，黄色，是本种重要的识别特征。繁殖期上喙基部有三角形的突出物，形状如角，头两侧各有两条由白色丝状饰羽组成的纵带，分别位于眼上和眼下后方；非繁殖期喙基突起和头侧饰羽消失。虹膜橙色，喙橙色而上喙灰色，脚浅灰色。

分布： 我国在辽宁偶有记录，冬候鸟。国外分布于北太平洋。

习性与栖息地： 常成小群在海上活动。

成鸟繁殖羽 日本 永井真人

成鸟繁殖羽 日本 永井真人